Amazon Echo

Das umfangreiche Handbuch für Alexa, Echo, Echo Dot, Echo Show (Version 2018)

Schritt für Schritt Anleitungen, Tipps&Tricks und Problemlösungen inkl. BONUS mit 666 Befehlen

Paul Petersen

Inhalt

Einleitung

Jeder kennt Alexa oder Amazon Echo aus der Werbung, und was bislang sehr futuristisch wirken mag, ist bereits Realität geworden.
Alexa, Amazon Echo ist jedoch kein Roboter aus einem Scients Fiction Thriller.

Hierbei handelt es sich um ein Gerät mit Spracherkennung, das mit einem Lautsprecher und sieben Mikrofonen ausgestattet ist. Es wurde von Amazon.com entwickelt und kam bereits im Juni 2015 in Amerika auf den Markt.
In Deutschland hielt Amazon Echo jedoch erst am 26. Oktober 2016 Einzug und erfreut sich seit diesem Zeitpunkt an hoher Beliebtheit.

Der Amazon Echo ist ein digitaler, sprachgesteuerter Assistent, der mit Hilfe der Sprachsteuerung eine rasche Verbindung zum Internet herstellt und mittels Spracherkennung auf unzählige befehle punktgenau reagiert.

Amazon Echo - wie funktioniert die Sprachsteuerung?

Das Gerät muss natürlich eingeschaltet werden und wird mit den Worten Alexa, Echo, Amazon oder auch Computer aktiviert. Schon ist der Amazon Echo bereit, geforderte Anfragen zu verarbeiten und umzusetzen.
Im Inneren des Amazon Echos befinden sich sieben Mikrofone, mit deren Hilfe die Spracherkennung funktioniert. Ist das Gerät durch die Befehle erst aktiviert, hört Alexa den gesamten Raum und die Umgebung ab, und sämtliche Worte und Sätze, die einer Spracheingabe ähneln, können verarbeitet werden. Natürlich muss das Gerät via Bluetooth oder W-LAN mit dem Internet verbunden sein, sobald das geschehen ist, Alexa aktiviert ist und zum Beispiel der Titel eines beliebigen Songs erwähnt wird, spielt der Amazon Echo diesen auch ab.
Ist das Gerät im Standby Modus, kann nur der Aktivierungscode eingegeben werden. Dies versichert, dass Alexa sich nicht ungefragt in das Tagesgeschehen einmischt. Sobald Echo und Echo Dot rot leuchten, ist das Gerät im Standby und muss vor Inbetriebnahme wieder mit Alexa, Echo und Co aufgeweckt werden.
Leuchtet das Licht am Amazon Echo blau, so ist es aufnahmebereit und die Umgebung wird abgehört. Alexa lauert somit wie Jeanny aus der Flasche auf Befehle, um diese anschließend auszuführen.

Was kann der Amazon Echo ?

Der Amazon Echo funktioniert als Wecker, Zeitschaltuhr, Kalender und natürlich als individueller Radio. Der Amazon Echo findet im Internet so ziemlich jedes Lied und jeden Interpreten, der gewünscht wird. Daher ist Alexa auch ein tolles Gadget auf Parties und im Freundeskreis. Mühsames Suchen im Internet und auf diversen Plattformen gehört nun der Vergangenheit an. Der Amazon Echo kann auch Begriffe erklären. Toll für alle, die nicht immer Lust haben, in Google nach einer Antwort zu suchen.

Die Skills von Amazon Echo

Auf dem Amazon Marketplace können sogenannte Skills erworben werden. Skills sind zusätzliche Fähigkeiten, mit welchen Alexa aufgewertet wird.
Eine der wichtigsten Funktionen ist die Steuerung des sogenannten Smart Homes. Hier werden vom Kaffee am Morgen, über die Raumtemperatur und die Luftfeuchtigkeit bis hin zum Reinigungsvorgang des Aquariums und der Geschirrspüle, und natürlich auch die Sicherheitstechnik verwaltet und geregelt.
Insgesamt gibt es in der Zwischenzeit mehr als 3.000 Skills für den Amazon Echo. Diese können sie bequem mit Fire OS, Android und iOS über die kompatible Alexa App aktivieren. Auf dem Markt sind mittlerweile knapp 1.000 deutschsprachige Skills, einige davon sehr wertvoll und nützlich, andere jedoch absolut schlecht und von einigen ist sogar gänzlich abzuraten. Die häufigsten Kategorien dieser Skills belaufen sich auf Spiele, Quizz, Lustiges, Wissenswertes und Bildung.

Wissenswertes über die Skills

Sie können aus einer breiten Palette an Skills wählen, und damit Alexa quasi zum Allround Talent machen. Diese sprachgesteuerten Fähigkeiten bieten in der Zwischenzeit nahezu unerschöpfliche Möglichkeiten mit Alexa zu kommunizieren und zu nützen. Durchstöbern Sie den App Store. Haben Sie eine interessante Fähigkeit gefunden, so merken Sie sich den genauen Namen und aktivieren diesen indem Sie „Skill und den Namen aktivieren" sagen. Die Skills sind in unterschiedliche Kategorien eingeteilt und lassen sich auch per Suchfunktion finden. Die Skill Detailseite muss nun geöffnet werden und die Option Skill aktivieren angeklickt werden. Wenn es nicht sofort funktioniert kann es daran liegen, dass für manche Skills ein Abonnement mit dem Anbieter abgeschlossen oder ein Konto angemeldet werden muss. Auch kann es sein, dass eine Verknüpfung mit einem bestehenden Konto oder Abo notwendig ist. Falls Sie auf der Skill Detailseite zu wenig Information erhalten, nutzen Sie einfach Alexa und bitten Sie um Hilfe zu: und den Namen der Fähigkeit benennen. Die einzelnen Skills lassen sich natürlich bequem in der Alexa App ansehen und verwalten. Gehen Sie im Menü auf den Punkt Skills und tippen Sie „Meine Skills" an. Diese Menüpunkte befinden sich am oberen Rand des Bildschirms. Sie können jeden einzelnen Skill auch deaktivieren. Das klappt sowohl manuell, als auch via Sprachbefehl. Dieser lautet simpel: „Skill, Name der Fähigkeit, deaktivieren." Für viele der Skills wurden schon etliche Rezensionen geschrieben, so informieren Sie sich vorab, wie generell die Zufriedenheit mit dieser Fähigkeit ist. Selbst können Sie ebenfalls Rezensionen verfassen und alle Skills aus eigener Sicht bewerten. Wie Sie es auch oft vom Mobiltelefon und von sozialen Netzwerken kennen, können auch Skills oft nach dem Standort fragen. Wenn Sie dies nicht möchten, so können Sie natürlich auch diesen Punkt deaktivieren. Dazu gehen Sie zum Menüpunkt Skill Berechtigung und klicken Berechtigung verwalten an.

Alexa Skills verwalten – Benachrichtigung

Verschiedene Skills schicken auch zu gewissen Ereignissen Benachrichtigungen. Bei Ihren zugelassenen Skills können Sie nun die Option "Benachrichtigungen" aktivieren. So kann der Wetter Skill nun Benachrichtigungen zum Wetter und der Verkehrs Skill, Benachrichtigungen über Stau, Unfälle und Radarwarnungen senden. Jedoch verfügen nicht alle Skills über die Möglichkeit Benachrichtigungen zu schicken.

Wie werden Skill Benachrichtigungen aktiviert und deaktiviert?

Sie öffnen die Alexa App und gehen im Menü zum Punkt Einstellungen. Sie öffnen „Meine Skills“ und wählen die jeweilige Fähigkeit aus. Hier tippen Sie auf den Punkt Benachrichtigungen verwalten. Mittels Schalter können die Benachrichtigungen an,- und ausgeschaltet werden. Jedes Mal, wenn Sie nun eine Benachrichtigung erhalten, piept der Amazon Echo und auch der Leuchtring leuchtet gelb auf. Nun können Sie nach dem ausgesprochenen Befehl: „Alexa lies meine Benachrichtigungen“ diese bequem anhören. Im Menü unter der Rubrik Einstellungen können Sie auch die Lautstärke für die Benachrichtigungen regulieren. Wählen Sie dazu zuerst Ihr Gerät, und anschließend die Option Töne aus.

Alexa – bitte nicht stören

Vorübergehend können Benachrichtigungen für Anrufe und Nachrichten ausgeschaltet werden. Die Bitte-nicht-stören Option verhindert auch Drop in. Kompatibel für diese Option sind die Geräte Amazon Echo 1. Generation, Echo 2. Generation, Echo Dot 2. Generation, Echo Show und Echo Plus. Diese Funktion wird mit den Befehlen „ Alexa, bitte nicht stören einschalten“ oder „Alexa, bitte nicht stören ausschalten“ aktiviert und deaktiviert. Beim Amazon Echo Show kann diese zusätzlich auch am Display gewählt werden. Dazu von oben nach unten über den Bildschirm wischen und „Bitte nicht stören“ auswählen.
Sie können diese Funktion auch gut planen und timen. Wenn Sie also wissen, dass Sie am nächsten Tag oder nächste Woche während Besuch bei Ihnen ist, von Benachrichtigungen nicht gestört werden möchten, dann gehen Sie schon im Vorfeld im Menü unter Einstellungen, wählen das Gerät aus und tippen unter „Bitte nicht stören“ auf den Punkt geplant. Mit dem Schieberegler wird diese Funktion eingeschaltet. Unter dem Punkt „Bearbeiten“ können Sie Stoppzeiten und Startzeiten ändern. Vergessen Sie zum Abschluss nicht, diese auch zu speichern. Mit der Frage: „Alexa, was habe ich versäumt?“ oder dem Befehl: „ Alexa, lies meine Benachrichtigungen vor“, können Sie später alles abfragen und Benachrichtigungen über einen Befehl auch löschen.

Unterschied zwischen Amazon Echo, Echo Dot, Alexa und Echo Show

Alexa ist die sogenannte Sprachassistentin, die angenehme Stimme, die sich hinter diesem technischen Wunderwerk verbirgt. Die verschiedensten Echo Modelle, die Amazon bietet, und die in etlichen Varianten mittlerweile auf dem Markt sind, sind die dazugehörige Hardware. Diese ist nötig, um das Wunderwerk überhaupt zum Laufen zu bringen. Bei etlichen Unterschieden haben die einzelnen Modelle aber auch viel gemeinsam. Der größte gemeinsame Nenner ist Alexa, die Cloud basierend arbeitet und somit auf jedem dieser Modelle identisch funktioniert und erscheint. Alle Befehle, die auf einem Gerät funktionieren, klappen auch auf einem anderen Modell. Alle Skills sind für sämtliche Modelle kompatibel und Alexa arbeitet sowohl auf Echo, Dot und auch Show mit gleicher Effizienz. Weiter sind sämtliche Echos mit Bluetooth ausgestattet, und lassen sich mit Bluetooth fähigen Haushaltsgeräten verbinden. Für alle, die lediglich die charmante Sprachassistentin zu Hause einziehen lassen möchten, können zu jedem beliebigen Gerät greifen.

Der Echo Dot – oder der günstige Einstieg in die wunderbare Alexa Welt

Beim Echo Dot handelt es sich um einen simplen Lautsprecher, der über die Qualität eines ordentlichen Radios verfügt. Der Echo Dot wird zu Hause platziert und Alexa spielt von nun an die liebste Musik ab, checkt den Verkehr und gibt gemäß der Skills Auskunft über Wissensfragen, lädt zum Quiz ein, und ist einfach ein witziger Zeitvertreib. Der Echo Dot verfügt natürlich über Bluetooth und weist zusätzlich einen Audio Ausgang mit Klinkenanschluss auf. Der günstige Echo Dot ist toll zum Musikhören, wenn ein externer Speaker verwendet wird und perfekt für alle, die schon immer eine Sprachassistentin haben wollten, jedoch keine höheren Ansprüche an das Gerät stellen.

Der Amazon Echo oder die 2. Generation

Der größte Unterschied zwischen Amazon Dot und Amazon Echo ist die Qualität der Lautsprecher. Der Amazon Echo besitzt einen integrierten Lautsprecher, der wirklich gut zum Musikhören geeignet ist. Es ist nicht die allerbeste Sound Qualität, aber für zu Hause und Unterwegs absolut ausreichend. Der Amazon Echo besitzt einen 63 mm Woofer und kommt mit einem 16 mm Hochtonlautsprecher ins Haus. Zudem ist er optisch sehr wandelbar, denn der Amazon Echo ist in vielen unterschiedlichen Designs erhältlich. Von glatter und schwarzer Optik bis hin zu Muster oder trendigem Leinen,die Cover lassen sich zudem auch wechseln.

Der Amazon Echo Plus – das Gerät mit der kleinen Besonderheit

Optisch ist der Amazon Echo Plus nicht vom normalen Amazon Echo zu unterscheiden. Beim Kauf fällt jedoch sofort auf, dass dieses Gerät ein wenig teurer ist, und dies aus einem bestimmten Grund. Der Amazon Echo Plus verfügt über ein sogenanntes Zigbee Modul. Hierbei handelt es sich um ein bestimmtes Funkmodul, über welches auch viele Smart-Geräte verfügen. Der Amazon Echo Plus lässt sich dadurch optimal mit all diesen Geräten über dieses Modul verbinden und verwandelt im Nu das Zuhause in ein Smart Home. Bei Geräten ohne dem Zigbee Modul wird immer eine sogenannte Bridge vom Hersteller benötigt, um zum Beispiel die Kaffeemaschine, die Beleuchtung oder den Fernseher mit dem Amazon Echo zu verknüpfen. Mit dem simplen Befehl: „Alexa, suche neue Geräte", werden diese erkannt und hinzugefügt. Nun muss das spezifische Gerät nur mehr benannt werden und kann sofort via Alexa ein,- und ausgeschaltet werden. Der Amazon Echo Plus ist jedoch noch nicht mit allen Geräten kompatibel und bei manchen, wie zum Beispiel bei Heizungstechnik ist immer noch eine Bridge, ein Gateway vom Hersteller notwendig.

Der Echo Show – eine Videostation

Der Echo Show ist eine Neuheit am deutschen Markt und ist sowohl mit einem Display, als auch mit einer Frontkamera ausgestattet. Das Display ist 7" groß und auch besitzt der Amazon Show einen Lautsprecher. Die Tonqualität klingt, verglichen mit dem Amazon Echo Plus jedoch etwas blechern. Der Echo Show ist ein witziges Gadget zur Video Telefonie und ein etwas dekadentes Haustelefon. Videos lassen sich am Echo Show bis lange nur beschränkt abspielen. Die Skills werden hierfür erst nach und nach entwickelt. Wer jedoch die bisherigen Schritte in der Entwicklung der Skills verfolgt hat, der weiß, dass das ziemlich rasch gehen kann. Wofür kann nun der Echo Show verwendet werden? Er ist garantiert super für alle, die ihre Nachrichten nicht nur anhören, sondern auch visuell untermalt haben möchten. Auch für Musikvideos ist der Echo Show optimal. In vielen Haushalten findet der Echo Show großen Anklang in den Küchen. Hier fungiert er als Kochbuch, denn die Rezepte werden nicht nur vorgelesen, sondern können auch vom Display abgelesen werden. Dafür muss das Gerät natürlich mit den dementsprechenden Skills ausgestattet werden. Bitte daran denken, wenn Sie den Echo Show als Überraschung für die Frau, Freundin oder Mutter besorgen.

Den Amazon Echo Sprachassistenten einrichten

Nun ist es also soweit und der Amazon Echo, oder Alexa, darf einziehen. Zuerst sollte der optimale Platz dafür gefunden werden. Das Gerät benötigt eine stabile Unterlage wie Tisch, Tresen oder Sideboard und sollte zentral platziert werden. Zudem wird empfohlen dass der Abstand zu Fenster und Wänden 20 cm beträgt. Ist die gegeben, kann der Amazon Echo auch auf dem Nachttisch untergebracht werden. Sehr sinnvoll, wenn Sie dieses Gerät als Wecker und Timer verwenden.
Wie bei den meisten technischen Geräten kann es auch hier zu Fehlermeldungen kommen, die das Passwort betreffen. Wurde das Passwort vergessen, so lässt sich dieses ganz einfach per Button zurücksetzen.

Die ersten wichtigsten Schritte

Ist der richtige Standort für den Amazon Echo gefunden, so muss die Alexa App heruntergeladen werden. Die Alexa App ist kostenlos. Hier können Sie sich anmelden und sofort mit dem Einrichten von Wecker, Musik, Einkaufslisten und diversen Skills beginnen. Die Alexa App ist für Smartphones und Tablets verfügbar. Diese müssen folgende Kriterien haben:

Fire OS 3.0 oder höher
Android 4.4 oder höher
iOS 8.0 oder höher

Sie finden die Alexa App bequem im Appstore. Dazu einfach "Alexa App" eingeben, und schon erscheint die App, die Sie für Ihre charmante Sprachassistentin benötigen. Sie finden die App sowohl im Apple App Store, auf Google Play oder im Amazon App Store. Auch auf Ihrem Computer oder Laptop können Sie via Wifi den Appstore aufrufen. Die Suche läuft sowohl auf Safari, Chrome, Firefox, Microsoft Edge oder Internet Explorer 10 oder höher. Sie geben einfach "alexa.amazon.de" ein und schon kann es losgehen.

Mit Ihrem Amazon Echo wurde ein Netzteil mitgeliefert. Verbinden Sie dieses mit dem Gerät und stecken Sie es anschließen an den Strom an. Beim Amazon Echo wird der Lichtring nun blau und wechselt anschließend auf orange, Sobald der Lichtring orange wird, werden Sie begrüßt. Nun ist es wichtig, den Anweisungen der App Schritt für Schritt zu folgen und den Amazon Echo mit dem W-LAN zu verbinden. Sollte dies nicht klappen, ziehen Sie am besten den Stecker und trennen Sie das Gerät vom Strom. Stecken Sie es erneut ein, warten Sie auf die Begrüßung und beginnen Sie erneut. Sollten trotzdem Probleme auftreten, so hilft es, die Einstellung auf Werkeinstellung zurückzusetzen.

Den Amazon Echo auf Werkseinstellung zurücksetzen

Dies muss nicht nur gemacht werden, wenn sich der Amazon Echo nicht mit dem W-Lan verbinden lässt, diese Funktion ist auch besonders wichtig, wenn Sie Ihren Amazon Echo verleihen oder verkaufen. Nach dem Zurücksetzen muss das Gerät in einem Amazon Konto angemeldet werden. Sämtliche Einstellungen müssen nun erneut festgelegt werden, bevor Sie den Echo wieder einschalten können.

Bevor Sie jedoch das Gerät zurücksetzen, probieren Sie es immer mit einem Neustart, meist sind dann sämtliche kleinen Probleme verschwunden.

Beim Zurücksetzen verwenden Sie am besten eine Büroklammer oder einen ähnlichen Gegenstand, um die Reset Taste gedrückt zu halten. Diese besagte Reset Taste ist am unteren Geräteteil zu finden. Sie drücken die Reset Taste, der Farbring wird zuerst orange und anschließend blau. Warten Sie unbedingt so lange, bis sich der Amazon Echo ausschaltet und wieder einschaltet. Zuerst ist der Farbring dann wieder blau, dann orange und schon können Sie wieder mit dem Einrichten beginnen. Nun einfach wieder Ihre Alexa App öffnen, und das Gerät mit dem W-LAN verbinden. Nun müssen Sie sich in Ihrem Amazon Konto anmelden.

Die Unterhaltung mit Alexa beginnen

Der Amazon Echo ist nun startklar. Sprechen Sie Ihr Aktivierungswort und das Gerät ist im Abhörmodus. Nun können Sie schon diverse Befehle eingeben, Skills abfragen, oder erst gemütlich Ihre Lieblingsmusik hören. Das Aktivierungswort ist laut Standard Alexa, Sie können es aber auch jederzeit ändern. Dazu gehen Sie in ihre Alexa App unter Einstellungen. Nun wählen Sie Ihr Echo Gerät aus und wählen die Rubrik Aktivierungswort. Hier können Sie sich nun für ein Wort Ihrer Wahl entscheiden.

Den Amazon Echo Show einrichten

Die Schritte sind identisch mit der Aktivierung des Amazon Echos. Lediglich nach dem Einstecken ist ein kleiner Unterschied zu merken. Hier müssen Sie den Anweisungen auf dem Display folgen, damit Sie eine Sprache wählen können. Nun mit dem W-LAN verbinden, auf dem Amazon Konto anmelden und natürlich sollten Sie die Nutzungsbedingungen für den Amazon Echo Show lesen.
Sobald die Startseite mit rotierenden Seiten angezeigt wird, können Sie mit der Nutzung beginnen und Ihr Amazon Echo Show ist einsatzbereit. Mit dem Aktivierungswort Alexa geht es los. Auch hier können Sie wieder ganz einfach das Aktivierungswort ändern.

Das personalisieren des Amazon Echo Geräts

Wichtig sind die Einstellungen wie Gerätestandort. Nur so kann Ihnen Alexa täglich die neuesten Nachrichten aus der Region, das Wetter und den Verkehr präsentieren. Den Standort können Sie natürlich immer individuell ändern – ganz wichtig, wenn Sie umziehen oder Ihren Sprachassistenten mit auf Urlaub nehmen möchten. Der Speicherort kann bequem in der Alexa App geändert werden. Dazu gehen Sie im Menü zur Rubrik Einstellungen und wählen Ihr Gerät aus. Unter Gerätestandort drücken Sie auf bearbeiten und geben die neue gewünschte Adresse vollständig ein.

Beim Echo Show kann der Standort direkt am Gerät geändert werden. Hier einfach unter Einstellungen die Geräteoptionen auswählen und den Gerätestandort mittels Tastatur eingeben. Durch die Personalisierung können Sie nun ganz praktisch die Verkehrslage prüfen, nach Restaurants, Bars, Hotels, Sehenswürdigkeiten und Veranstaltungen in der Umgebung suchen und sogar das Kinoprogramm und die Vorführungszeiten in den Kinos der Umgebung abchecken.

Den Kalender einrichten

Wenn Ihr Kalender mit der Alexa App verknüpft ist, dann verpassen Sie garantiert keinen wichtigen Termin und auch keinen Geburtstag oder Hochzeitstag mehr. Sobald der Kalender mit der Alexa App verknüpft ist, können Sie jeden Termin mittels Befehl hinzufügen. Sie können so auch sämtliche Termine abfragen. Mit der Bitte: „Füge meinem Kalender ein Ereignis hinzu“ können Sie neue Einträge machen und mit der Frage: „ Was steht heute auf meinem Kalender?“, halten Sie sich auf dem Laufenden. Natürlich können auch sämtliche Termine gelöscht oder verschoben werden. Vorbei sind die Zeiten von unleserlichen Einträgen im Kalender, doppelt gebuchten Terminen und vergessenen Namenstagen der Tante.

Am Echo Show können Sie Ihren Kalender zusätzlich am Display betrachten und auch durch Antippen die Termine löschen.

Alexa, die coole Shopping Assistentin

Alexa ist nicht nur eine außergewöhnliche Sprachassistentin, die immer die beste Musik und alle Termine auf Lager hat, sie ist auch beim Einkaufen absolut behilflich. Dazu muss der Amazon Echo natürlich ebenfalls personalisiert werden. Musik und Prime fähige, tatsächliche Artikel können von Alexa gesucht und dem Warenkorb hinzugefügt werden. Alexa kann auch Einkäufe stornieren und sogar die Sendung verfolgen. So wissen Sie genau, wann Ihre nächste Lieferung eintreffen wird.

Für die Bestellung von Produkten bei Amazon benötigen Sie eine jährliche oder 30-tägige Mitgliedschaft bei Amazon Prime.

Jeden Tag eine kompakte Zusammenfassung erhalten

Hier können Sie wählen, von welchen Radiosendern oder Programmen Sie die Nachrichten aufgenommen haben möchten, um später eine kompakte Zusammenfassung zu erhalten. Ob Schlagzeilen oder Wetter: Mit Alexa sind Sie täglich bestens informiert, ohne selbst nach den neuesten Gegebenheiten suchen zu müssen. Beim Amazon Echo Show können Sie diese Zusammenfassung auch auf Video betrachten.

Die tägliche Zusammenfassung einrichten

Im Menü wählen Sie den Punkt Einstellungen aus. Im Abschnitt Konten müssen Sie nun die täglichen Zusammenfassungen auswählen. Hier können Sie die Nachrichtenprogramme und weitere verfügbare Programme auswählen. Im Skill Store können Sie nach noch mehr Inhalten für die tägliche Zusammenfassung suchen. Sie können selbst auch die Reihenfolge bestimmen, in welcher die Nachrichten sortiert werden sollen.

Das Smart Home – das Zuhause der Zukunft?

Mit Alexa können Sie sämtliche Geräte steuern, die dafür unterstützt werden. Unter "alexasmarthome" finden Sie sämtliche aktualisierte Listen, welche Geräte unterstützt werden. Für manche ist eine Bridge oder ein sogenanntes Hub nötig.

Alexa - die perfekte Vorleserin

Gerade nach einem arbeitsreichen Tag möchte man bei einem guten Buch entspannen. Doch jeder kennt das, schon nach wenigen Minuten werden die Arme müde und die Augen schwer, das Buch klappt zusammen oder der Kindle E-Book Reader landet auf dem Boden. Auch hier ist Alexa eine tolle Unterstützung, da sie alle E-Bücher vorlesen kann. Dabei kann auch immer wieder gestoppt werden, Kapitel wiederholt oder übersprungen werden. Alexa ist somit auch ein toller Ersatz, wenn Oma gerade nicht verfügbar ist, und die Kinder um eine Geschichte betteln.

Alexa – ein gelungener Spieleabend mit Freunden

Sie finden unzählige Quizze, Wissensfragen und Spiele, die als tolle Unterhaltung für einen kurzweiligen Spieleabend sorgen. Auch alleine sind diese Fragespiele und Rätsel eine tolle Unterhaltung und zusätzlich Jogging fürs Gehirn. Unzählige Rätsel und Ratespiele warten in den Skills darauf entdeckt zu werden. Dabei ist für jede Altersgruppe und jedes Interessensgebiet garantiert das Richtige zu finden. Zu den beliebtesten gehört der „Gehirnjogging Alexa Skill“. Auch die Hauptstadt Quiz Alexa Skills ist überaus beliebt und bedeutet nicht nur Spaß, sondern ist sehr lehrreich. Spaß für die ganze Familie ist garantiert. Auch der Geschichts-Quiz Alexa Skill bedeutet lehrreiche Unterhaltung pur. Wichtige historische Ereignisse werden so aufgearbeitet und helfen nicht nur vor einem Geschichts-Test in der Schule.

Die besten Skills für die ganze Familie

Ob Würfelspiele, Ratespiele, lustiges Länderraten und Memo Spiele, Alexa hat alles in petto und niemand kann sich mehr aus der Situation mogeln, dass man keine Spiele zu Hause hätte. Die ganze Familie versammelt sich um Alexa und ein gemütlicher Familienabend kann beginnen. Auch die Teenager können nun wieder für ein gemütliches Zusammensein begeistert werden, denn Alexa ist ja modern, angesagt und absolut hip. Auch Rollenspiele und Solo-Abenteuer sind im Aexa Skill Store verfügbar. Zu den beliebtesten zählen hier die Amazon Alexa Skill „ Star - der brennende Wald“ und „Rollenspiel“. Die Reise nach Jerusalem oder auch die lustigen Terry Pratchet Sprüche begeistern Groß und Klein. Toggo TV oder Wiki Deutschland und auch spezielle Jugendnachrichten sind ideal auf Familien zugeschnitten. Gerne greifen Eltern auch auf den Alexa Zähne putzen Skill zurück. Damit können Eltern auch kleine Zahnputz-Muffel zur täglichen Hygiene bringen. Einschlafgeräusche mit sanftem Regen oder Meeresrauschen sind sowohl bei Kindern sehr beliebt, helfen jedoch auch Erwachsenen, um nach einem anstrengenden Tag abzuschalten.

Alexa – die charmante Fitness Trainerin

Es gibt viele Gründe, warum manche nicht in ein Fitness Studio gehen möchten. Entweder die Entfernung ist zu groß, die Mitgliedsbeiträge zu hoch, oder man fühlt sich wegen der eigenen Figur noch nicht perfekt für ein Fitness Center. Natürlich ist es schwierig, sich selbst zum Sport zu motivieren, doch auch hier greift Alexa ein und ist eine tolle Unterstützung. Die „My Motivator Alexa Skill" ist ein Motivationstrainer, der mit gutem Zureden und netten Worten zu Leistungen und zum Wohlbefinden animiert. Die Fitbit Alexa Skill misst Herzfrequenz, Kalorienverbrauch und Schritte und ist ein toller Begleiter für alle, die abnehmen möchten. Hierfür wird jedoch auch ein eigener Fitbit Account benötigt.

Schritt für Schritt: Alexa Installieren

Das Einrichten des Amazon Echo, sprich von Alexa, ist bei jeder der Varianten gleich und sehr simple gehalten.
Zur Vorbereitung: Es wird das W-LAN Passwort benötigt, ebenso wie die Anmeldedaten für das eigene Amazon Konto und für die Alexa App für das Smartphone.
Die App ist natürlich im Apple Store und genauso auch im App Store zum Download erhältlich.Unter Amazon Alexa wird man bei der Suche schnell fündig, und es ist auch eindeutig zu erkennen welche App gebraucht wird. Ist das alles erledigt kann man auch schon mit dem Einrichten des Amazon Echo beginnen. Zu allererst öffnet man die App auf dem Handy und loggt sich dort mit seinem Amazon Login Konto ein. Daraufhin erhält man eine persönliche Begrüßung und die ersten Informationen was in den nächsten Minuten gemacht und installiert werden muss. Nun klickt man auf Gerät starten. Es wird dem User jetzt

die Möglichkeit geboten, sich zwischen den Geräten zu entscheiden: dem Echo und dem Echo Dot.
Selbstverständlich wird das eigene Gerät gewählt, welches eingerichtet werden soll. Ist dies erst ausgewählt bekommt der User als nächstes die Möglichkeit die Sprache von Alexa zu wählen um später auch mit ihr kommunizieren zu können. Alexa spricht Deutsch, dies macht die Bedienung und Unterhaltung denkbar einfach.
Als nächster Schritt muss eine Verbindung zwischen dem Gerät und dem W-LAN eingerichtet werden, damit Alexa später dann auch funktionieren kann.
Hierfür klickt man auf W-LAN verbinden und schon kann es losgehen.
Nun wird man davon unterrichtet, dass man Alexa an den Stromkreis anschließen soll und warten muss bis der orange farbige Ring von Alexa leuchtet.
Beim Amazon Echo gibt es dafür einen eigenen Netzwerkstecker und beim Echo Dot einen klassischen Micro-USB Anschluss.
Ist der Amazon Echo mit dem Strom verbunden, fährt er auch direkt hoch. Dies ist für jedermann gut erkenntlich. An dem blauen, kreisenden Ring an der Oberfläche von Alexa wird dies signalisiert.
Dies wird im Normalfall ein paar Minuten dauern, also heißt es, ein wenig Geduld haben.
Sobald der Amazon Echo fertig hochgefahren und bereit ist, überrascht er den User direkt mit einer herzlichen Begrüßung, und es leuchtet der Lichtring in Orange auf.
Das bedeutet, dass sich das Gerät im Einrichtungsmodus befindet.
Nun wird der User aufgefordert mit der Installation in der App fortzusetzen und sich explizit an die Anweisungen zu halten.
Mit einem Klick auf „weiter“ in der App fährt der Benutzer im Progress fort.
Alexa baut nun für die Einrichtung ein ganz eigenes W-LAN auf, mit dem sich der User auch verbinden soll.
Dafür verlässt man die Alexa App aber schließt diese NICHT. Über die Einstellungen geht der User weiter zu den W-LAN Einstellungen und wartet kurz, bis das W-LAN

Amazon6e1 zur Auswahl angezeigt wird, anschließend verbindet man sich damit.
Alexa lässt den User natürlich wissen, dass man verbunden ist und bittet darum, in der Alexa App weiter mit der Installation fortzufahren.
In der App zurück erhält der User die Meldung, dass man mit dem W-LAN verbunden ist und durch einen Klick auf „weiter" kann sofort mit der Installation fortgefahren werden.
Nun wird der User aufgefordert aus einer Liste sein Privates W-LAN zu wählen und sich dort mit seinem W-LAN Passwort anzumelden und zu verbinden.
Durch ein Kästchen erhält man für spätere Installationen die Möglichkeit, das Passwort zu speichern und es erleichtert sich so für spätere Nutzungen der Arbeitsaufwand ungemein.
Für den nächsten Schritt klicken wir auf „Verbinden" und schon verbindet sich das Amazon Echo Gerät mit dem gewählten W-LAN.
Dies kann nun auch wieder einige Minuten dauern, also ist wieder etwas Geduld angebracht.
Sobald der Amazon Echoverbunden ist, wird dem User angezeigt, dass die Einrichtung abgeschlossen ist und man nun mit dem W-LAN verbunden ist.
Bei dem nächsten Schritt unterscheiden sich Amazon Echo und Echo Dot ein klein wenig.
Da der Lautsprecher im Echo Dot qualitativ nicht so gut ist, wie der im großen Echo, hat man unter anderem die Möglichkeit, sein Gerät auch noch mit einem extra externen Zusatzlautsprecher zu verbinden.
Dies ist durch Bluetooth oder ein Aux-Kabel möglich. Um den Lautsprecher über Bluetooth zu verbinden, muss zuerst der Pairing Modus des mit Bluetooth kompatiblen Lautsprechers eingeschaltet werden.
Sollte der User nicht genau wissen, wie das Bluetooth der Lautsprecher zu aktivieren ist, findet man im jeweiligen Handbuch eine genaue Hilfestellung dazu.
Im nächsten Schritt wird die Alexa App geöffnet und der Menüpunkt Einstellungen ausgewählt.
Das gewünschte Gerät wird nun ausgewählt und via

Bluetooth und dem Button "ein neues Gerät pairen" verbunden.
Nun wechselt das Amazon Echo Gerät in den Pairing Modus
Wenn Alexa den Bluetooth Lautsprecher erkennt, ist dieser in der Liste der verfügbaren Geräte in der Alexa App angezeigt und aufgelistet.
Man wählt nun den eigenen Bluetooth Lautsprecher aus, das Echo Gerät baut eine Verbindung auf und Alexa lässt den User wissen, ob der Verbindungsaufbau erfolgreich war.
Mit einem Klick auf „weiter" in der App sind wir schon so gut wie fertig, der Lautsprecher ist jetzt gekoppelt.
Wenn sie Audio Dateien von einem anderen Gerät wiedergeben möchten, ist dies durch die Aussage, also das Kommando oder den Befehl „Trennen" möglich.
Ist dies erledigt, geht es bei Alexa und Dot wieder gleich weiter.
Durch ein Klicken auf Weiter in der App bekommt der User nun ein kleines Einleitungsvideo mit den ersten Grundlagen für Alexa zum Sehen.
Um überhaupt weitermachen zu können, muss man allerdings das Video anklicken und ansehen, erst dann sind weitere Schritte möglich.
Ist das Video gesehen, kann man durch einen Klick auf weiter in der App fortfahren und wird schnell merken, dass der Amazon Echo nun nicht mehr leuchtet.
Das sagt uns, dass das Echo Gerät mit der Einrichtung fertig ist und Alexa ab jetzt verwendet werden kann. Nun können die User sofort mit der Unterhaltung, mit ersten Skills und Fragen beginnen.

Schritt für Schritt: Amazon Echo Zurücksetzen

Das zurücksetzen ist wie bei den meisten modernen technischen Geräten ziemlich simpel gehalten.
Als erster Schritt aber sollte man die Hardware zurücksetzen.
Hierzu nimmt man bitte den Reset Knopf auf der unteren Seite. Bitte nicht den oberen Reset Knop drücken, das ist nämlich das Mikrofon.
Ist der Reset Knopf gefunden, drückt man diesen ca. 5 Sekunden lang, achtet aber dabei darauf, dass Alexa an das Stromnetz angeschlossen ist.
Ist dies alles der Fall, beginnt eure Alexa jetzt ziemlich stark in blau zu leuchten, dies dauert etwa 1 Minute und der User bekommt auf dies eine Information von Alexa, dass nun alles eingerichtet werden kann und man dazu nur den Schritten in der App folgen soll.
Nun ist das Gerät schon auf Werkseinstellung zurückgesetzt, und es ist auch ganz wichtig, dass Ihr Euren Amazon Account und euer W-LAN trennt, da sonst kein anderer Account angemeldet werden kann.
Dies kann man ganz einfach in der Alexa App unter Menüführung im Bereich Einstellungen.
Hier erhält der User eine Liste aus der ausgewählt werden kann, und man entfernt den gewünschten Echo und fügt den Richtigen hinzu, den man gerne hätte.
Auf der nächsten Seite findet der User die Gerätedaten und andere wichtige Informationen. Hier scrollt man ganz nach unten bis zu dem Menüpunkt INFO. Unter „Anmelden“ wird nun das gewünschte Amazon Konto ausgewählt und unter „Abmelden“ kann der User rasch und unkompliziert das Amazon Konto wieder entfernen.

Amazon Echo mit anderen Geräten verbinden

Mit Alexa Echo lassen sich ja eine Menge technischer Geräte bedienen und das Zuhause zu einem sogenannten Smart-Home machen.
Unter anderem agieren folgende Geräte mit Alexa:

- Kaffeemaschinen
- Geschirrspüler
- Waschmaschinen
- und auch das Licht
- die Luft oder die Raumtemperatur

lassen sich individuell nach Maß regulieren und noch viel mehr ist mit Amazon Echo und Alexa möglich.

Alexa mit Logitech Harmony

Zum Start benötigt man für sämtliche Koppelbaren Geräte die passende App aus dem App Store. Diese lädt der User sich herunter.
Dann startet man die App. Der ganze Vorgang kann einige Minuten dauern, da sich die App immer direkt mit dem Server verbinden muss. Die gesamten Informationen liegen auf dem Logitech Server und diese werden praktisch von diesem Server heruntergeladen.
Hier benötigt man nun einen Logitech Account, ohne diesen ist ein Verbinden und ein Einrichten eines Smart Homes nicht möglich.
Dafür geht der User in der App auf Gerät hinzufügen, dieses Gerät kann nun individuell benannt werden.

Danach muss der User das Konto einrichten, und darauf die Fernbedienung adjustieren.
Wenn dies erledigt ist, landet man auf der Liste der Fernbedienungen.
Links in der Leiste kann der Benutzer nun sämtliche Aktionen auswählen.
Man geht hier in Schritt eins wieder auf „neue Aktion erstellen". Wenn ihr euch eine neue Aktion anlegt, dann benennt ihr diese wieder zuerst.
Danach wird der User immer gefragt, welche Geräte dafür gebraucht und gewünscht werden oder gekoppelt werden sollen.
Ist dies ausgewählt, wird man auf der nächsten Seiten gebeten, das gewünschte Gerät zur optimierten Lautstärkeregelung auszuwählen.
Danach wird der Benutzer gefragt, welche Fernseheingänge bei der aktuellen Aktion verwendet werden, dies wird man als User auch stets gefragt, wenn man eine Aktion neu Anlegt.
Anschließend lautet die Frage an den Nutzer, auf welches Gerät das Ganze eingestellt werden soll, wenn die neue Aktion gestartet wird.
Denn sobald man nun eine derartige Aktion über Alexa startet, startet nicht nur das Gerät, sondern man wird auch direkt auf den richtigen Kanal gelegt.
Ist dies nun alles erledigt muss das Ganze nur mehr in der App synchronisiert werden. Dies hört sich im ersten Moment verwirrend an, und eine Trockenübung nur durch das Lesen der Beschreibung unterstützt die Verwirrung nur. Am besten wird immer Schritt für Schritt auch jede Aktion ausgeführt, und schon nach wenigen Minuten sind die Geräte nach Wunsch eingerichtet. Auch ist es nur beim ersten Mal etwas komplizierter. Hat man die einzelnen Schritte bereits einmal oder öfter ausgeführt, so geht die beinahe automatisch von der Hand.

Alexa mit IFTTT

Als aller ersten Schritt muss sich der User auf der IFTT Seite ein Konto erstellen und dementsprechend Applets einrichten. Ganz wichtig hierzu ist, dass die IFTTT Seiten online immer kostenlos sind.
Auf der Titelseite hat man im Dropdown Menü die Möglichkeit sich eine neue Formel oder ein sogenanntes Applet zu erstellen.
Mit einem Klick auf „New Applet“ startet man das Ganze völlig unkompliziert.
Am einfachsten erklärt ist es mit einer simplen Schritt für Schritt Anleitung.
Als nächsten Schritt klickt der Benutzer auf das Plus. Hier wird natürlich Alexa ausgewählt.
Beim nächsten Punkt ist es möglich einen vorgefertigten Trigger auszuwählen.
Ein Trigger ist bei IFTTT sozusagen das Key Word für Alexa. Dadurch weiß die smarte Sprachassistentin, dass sie angesprochen wird oder eine spezielle Funktion oder Skill von ihr gewünscht wird.
Wenn der von uns gewünschte Trigger noch nicht vorhanden ist, können wir einen neuen Trigger erstellen.
Mit dem Klick auf "Say a specific phrase" kann der User einen individuell gewünschten Satz verwenden, um eine bestimmte Funktion von Alexa zu bekommen, die eine individuelle Reaktion auslöst.
Als Beispiel: Will der Benutzer die PS4 einschalten, schreibt der User nach dem Klick auf "Say a specific phrase" die PS4 in das Kästchen und klickt „Create Trigger“.
Achtung! Hier werden nur Kleinbuchstaben angenommen.
Nun erkennt Alexa durch den gesprochenen Satz "Trigger

die PS4" eindeutig den Befehl.
Der nächste Schritt, bevor Alexa unseren Befehl ausführen kann ist, auch zu bestimmen was überhaupt passieren soll wenn man sagt "Alexa Trigger die PS4". Alexa ist keine allwissende Assistentin und kann immer nur ausführen, wofür sie programmiert wurde. Jede einzelne Aktivität muss zumindest einmal im Vorfeld festgelegt werden.
Dafür gehen wir im nächsten Punkt auf das Plus. Unser Wunsch ist es, die PS4 anzuschalten. Hierfür geht der User auf den Harmony Hub, nimmt die Multi Fernbedienung und wählt „Start Activity“ aus.
Nun lädt er die gespeicherten Activities, und man wählt hier PS4 on aus und klickt "create action".
Damit erstellt man diese gewünschte Aktion.
Als letzten Schritt bekommt der Benutzer nun noch die Möglichkeit den erstellten Skill anzusehen.
Wenn man nun zufrieden mit dem Ergebnis ist klickt man auf fertig stellen und kann den selbst erstellten Skill von nun an ständig verwenden.
Und auf diese Art funktioniert es mit allen Befehlen, die über IFTTT erstellt oder gegeben werden, um seine Geräte zu verbinden.

Tipps und Tricks: Alexa in der Küche

Wie bei allen Geräten im Bereich Technik gibt es einige tolle Kniffe um sich das Leben mit Alexa zu erleichtern. Viele haben Alexa in der Küche positioniert und nutzen das Wissen von Alexa nun, um stets die besten Kochrezepte zur Hand zu haben. Das Gute daran ist, der User muss nun nicht mehr im Kochbuch blättern, sondern hat bequem beide Hände frei. Alexa liest nun die Rezepte vor und am Amazon Echo Show kann zusätzlich ein kleines Video am Display angesehen werden. Alexa ist nicht nur die Lieferantin für tolle Kochideen. Sie hilft auch den Einkaufszettel zu gestalten. „Füge Milch, Eier, Tofu und Schinken" zur Einkaufsliste hinzu. Die Liste kann nun in der Alexa App unter iOs, Android oder unter alexa.amazon.com eingesehen werden. Auch hier kann wieder über IFTTT ein Applet erstellt werden.

Ebenso praktisch in der Küche ist, dass Alexa jede Maßeinheit in Windeseile umrechnen kann. Ob Pfund, Kilogramm, Tassen oder Gallonen, Alexa weiß darüber bestens Auskunft zu geben.

Alexa fungiert in der Küche auch als idealer Timer. Egal ob ein Signal ertönen muss, sobald die Pizza fertig ist, oder Alexa sagt, wann das Ei perfekt weich gekocht ist. Mit der schlauen Sprachassistentin passieren in der Küche immer weniger Missgeschicke.

Der absolute Hit aber ist, dass Alexa auch Kaffee kochen kann und somit der Sekretärin den Rang abläuft. Ein Befehl genügt und schon zieht der Duft von frisch gebrühtem Kaffee durch die Küche oder das Büro.

Auch andere Küchengeräte lassen sich natürlich mit Alexa verbinden. Egal ob Dampfgarer oder Kühlschrank,

Mikrowelle oder technisch ausgefeilte Sous-vide Garer, mit Alexa wird einfach alles nur mehr durch Sprachbefehle in Gang gesetzt. Beim Smart-Home Kühlschrank reicht es sogar so weit, dass fehlende Lebensmittel auf die Einkaufsliste gesetzt werden. Alexa ist somit eine wirklich große Hilfe für die Küche und kann auch ein tolles Geschenk für die Mutter sein, die bis jetzt nicht für technische Spielereien zu faszinieren war.
Wer nach tollen Skills für Rezepte sucht, Sous Chef Rezepte, Food Network, Betty Crocker, Amazon Echo Chefkoch Skill, „Was soll ich heute essen“ Skill, Brot Einheit, Rezept des Tages oder Bartender sind nützliche Skills, die gerne verwendet werden.

Alexa und Multiroom

Die Multiroom Funktion vom Amazon Echo bietet einem die praktische Möglichkeit synchron Musikdienste auf mehreren Lautsprechern zu spielen und im selben Zuge lässt sich das Ganze über andere Alexa Geräte steuern. Das bedeutet, es kann bequem die Musik im ganzen Haus gesteuert werden. Vom Schlafzimmer über das Badezimmer und die Küche, bis hin ins Wohnzimmer, überall wird die musikalische Kulisse mit Alexa gesteuert und reguliert.
Die Alexa App bietet gleich zwei Wege und Möglichkeiten, um die Multiroom Funktionen zu bearbeiten.
In den Alexa Einstellungen gibt es einen Menüpunkt namens Audiogruppen. Hier werden alle mit dem Alexa Konto verbundenen Lautsprecher aufgelistet.
Durch die Aktivierung der Lautsprecher kann man künftig

Musik auf allen synchron abspielen, wobei es keine Rolle spielt ob die Lautsprecher in nur einem Raum oder im ganzen Haus verteilt sind.
Auch befinden sich die Multiroom Einstellungen in den Smart Home Einstellungen.
Die Wiedergabe wird auf allen Amazon Echo zugewiesenen Geräten unterbrochen wenn die Musik einer Audiogruppe pausiert wird.
Jeder Echo Lautsprecher kann dabei nur einer Gruppe zugeordnet werden.
Es ist also nicht möglich eine Gruppe mit Wohnung und dazu noch auf Zimmer bezogene Untergruppen zu erstellen.

Schwierigkeiten bei der Multiroom Funktion

Probleme, die leider immer wieder bei den Multiroom Funktionen auftreten können sind Verbindungsschwierigkeiten mit der oder den erstellten Gruppen. Dieser Fehler kann jedoch durch das einfache Schließen aller Programme und einem Neustart von Alexa für die Multiroom kompatiblen Geräten schnell selbst behoben werden. Ist dies geschehen startet der User die Programme wieder und spielt erneut die gewünschte Musik oder anderes in den jeweiligen Räumen ab. Sollte es trotz des Neustarts nicht funktionieren, kann der User es mit einem Entfernen und wieder neu Hinzufügen der Geräte aus der Gruppe versuchen. Auch ein direktes neu Erstellen kann ein solches Problem lösen. Bei allgemeinen

Problemen mit Programmen wie ein nicht Reagieren, Starten oder falsch starten, ist auch ein gänzliches Schleißen und Neustarten dieser Programme zu empfehlen. Meist klappt es im Anschluss sofort wieder reibungslos. Sollten dennoch unlösbare Probleme auftreten, die sich durch Neustart und Reset nicht beheben lassen, ist es ratsam, den Support zu kontaktieren. In der Regel erhalten die Benutzer hier schnell kompetente Ratschläge und Möglichkeiten, diese Fehlermeldungen selbst zu beheben.

Stromverbrauch bei Alexa

Standby Modus

Der Amazon Echo verbraucht im Durchschnitt während des Standbys auf die Befehle 3,0 Watt.
Wohingegen er im normalen Tagesbetrieb zum Beispiel beim Spielen von Apps oder dem Schauen von Videos 4,0 Watt verbraucht.
Im Vergleich zu dem verbraucht der Echo Dot im Standby Modus nur 1,5 Watt da er auch wesentlich kleiner ist aber um knapp die Hälfte weniger zum Amazon Echo.
Und auch im Dauerbetriebebetrieb liegt der kleiner bei 2,0 Watt womit er auch hier die Preiswertere lösung ist.

Schritt für Schritt: Aktivierungswort von Amazon Echo

Das ändern des Aktivierungswortes von Alexa unterscheidet sich von den Kleinen Varianten Amazon Echo, Echo Dot zum "Größeren" Echo Show geringfügig. Das Aktivierungswort kann leider nicht von einem selbst gewählt werden, es kann aber bei allen in vier der Sprach Assistenten zwischen 4 coolen Namen gewählt werden. Man hat die Wahl zwischen Alexa, Amazon, Echo, Computer.
Änderung per App; um das Aktivierungswort vom Smartphone oder Tablet aus zu ändern wählt man den Menüpunkt Einstellungen in der Alexa App aus und klicken auf ihr gewünschtes Gerät.
In der darauf folgenden Liste sucht man den Abschnitt Aktivierungswort und gelangt dann über die registerkarte Dropdownmenü zur Auswahl zwischen einem der vier Aktivierungswörtern.
Hat man entschieden darf man nicht vergessen "Speichern" zu wählen um die Änderung zu aktivieren.
War das erfolgreich reagiert Alexa und es wird das Aktivierungswort geändert.
Nun blinkt der Lichtring auf dem Echo für eine kurze zeit Orange und die Änderungen werden übernommen.

Über den Sprachasisstenten Echo Show, kann das Aktivierungswort auch praktisch durch Kommunikation geändert werden.
Jedoch wird auch hier wieder das Touchpad benötigt um im Menü durch tippen auf Einstellungen zum Abschnitt Geräteoptionen zu gelangen.
Durch einen Klick auf Aktivierungswort kann man nun hier auch wieder wie gewünscht den Namen auswählen.

Nun wird zum Abschluss wieder speichern geklickt wodurch die Änderung aktiviert wird, Alexa zeigt dies wieder via Leuchtring an.

Schritt für Schritt: Amazon Echo , Echo Dot mit W-LAN Hotspot verbinden

Um den Echo mit einem W-LAN Hotspot verbinden zu können benötigt man um ein einwandfreies verbinden möglich zu machen die neusten Software Updates.
Die Alexa App auf einem Smartphone oder Tablett und einen Mobilfunkvertrag der W-LAN Hotspots unterstützt.
Ist das alles vorhanden wird das Einstellungsmenü auf ihrem mobilen Gerät geöffnet und nach der Option gesucht um einen W-LAN Hotspot zu erstellen.
Wichtig ist es sich den Netzwerknamen und das Passwort zu merken oder zu notieren.
Im linken Navigationsbereich der Alexa App wird per Klick zu den Einstellungen gewechselt wo das W-LAN Aktualisiert werden muss.
Wird auf ihrem Konto nun ein neues Gerät hinzugefügt, dann klickt man auf "neues Gerät hinzufügen" .
Danach hält man die Aktionstaste am Echo für einige Sekunden gedrückt.
Der orange lichtring von Alexa beginnt nun zu leuchten, hiermit wird der verbindungsaufbaumit ihrem Gerät signalisiert.
Als nächstes wird wieder in der Alexa App hinunter gescrollt, der Menüpunkt "Dieses Gerät als W-LAN Hotspot

verwenden" wird ausgewählt und gestartet.
Hier muss schon nurmehr der Netzwerkname und das dazugehörige Passwort für den gewünschten Hotspot richtig eingetragen werden.
Der Hotspot wird nun auch am Smartphone oder Tablet aktiviert und schon wird sich Alexa mit dem gewählten W-LAN Hotspot verbinden.

Google Als Suchmaschine für Alexa einstellen

Eine Google Suchmaschine ist auf offiziellen Wege für Alexa nicht bekannt oder erhältlich, da mit Microsoft eine Zusammenarbeit besteht und sich somit "Bing" als bevorzugte Suchmaschine ergab.
Es Kursieren jedoch sehr viele NICHT zu Empfehlende Theoretische Varianten und Anleitungen im Internet, mit Möglichkeiten für den Download solcher Software.
Es ist aus Garantierechtlichen Gründen, aufgrund des eigenen Datenschutzes, zum Schutz des Eigenen Geräts und zum Schutz dritter Absolut davon abzuraten.
Solche Spielereien sollten nur auf eigenes Risiko vorgenommen werden.

Browserverlauf Löschen

Um die eigene Suchhistorie zu bereinigen rufen sie in der App die Übersichtsseite auf, über einen Klick auf den Läufer Einstellungen gelangt man zum Dropdownmenü. Hier wird bis zu dem Menüpunkt Allgemein hinunter gescrollt.
Hier bekommt man den gesamten aufgezeichneten Sprachverlauf von Alexa aufgelistet und nun kann ausgewählt werden, welches gelöscht werden soll.
Durch den Klick auf die entsprechende Nachricht und den dazugehörigen Ableger "Sprachaufnahmen löschen" werden diese dann unwiderruflich gelöscht.

Um beinahe den gesamten eigenen virtuellen Fußabdruck auf Alexa zu löschen müssen sie direkt die Homepage von Amazon unter "www.amazon.de/mycd" aufrufen.
Mit dem Reiter meine Geräte wird durch tippen im Kontextmenü die Abteilung Sprachaufzeichnungen verwalten gewählt.
Hier erscheint nun ein Fenster durch den Klick auf löschen wird der Gesamte Verlauf gelöscht.

Alternativen zum Amazon Echo

Neben Alexa gibt es noch zahlreiche andere Sprachassistenten auf dem Markt, wie zum Beispiel den Google Assistent der jedoch leider durch seine noch anfängliche Entwicklung mit nur wenig Angebot und Möglichkeiten mithalten zu versucht.
Die Handhabung ist bei ihm vergleichsweise jedoch sehr vereinfacht gehalten worden was den Umgang spielend macht.
Im Preis Leistung Verhältnis ist er aber mit 180 Dollar umgerechnet etwa 165 Euro ziemlich teuer.
Auch interessant ist der von Samsung produzierte Sprachassistent Bixby2.0, der jedoch ebenfalls in den Kinderschuhen steckt, zumindest was die Entwicklung betrifft.
Jedoch glänzt er mit seiner hervorragend programmierten Künstlichen Intelligenz .
Amazon hat mit seinen Alexa Echos die Messlatte jedoch sehr hoch für alle Mittbewerber gesetzt.

Die Fülle der Skills im Überblick

Im dichten Dschungel der Alexa Skills kann man sich leicht verirren, und obwohl nach einem informativen Nachrichtendienst gesucht wird, landet man schlussendlich bei Bildung und Nachschlagewerken oder findet einen Skill für Gartenarbeiten. Für die Küche ist der Backhexe Skill ein tolles Gadget, hier kann nach verschiedensten Rezepten gefragt werden und auch noch wenig erfahrene Köchinnen zaubern mit Hilfe von Alexa einen schmackhaften Strudel und knusprige Brötchen. Der Gin Cocktails Alexa Skill ist ein Hit für alle, die gerne Cocktails zaubern und damit ihre Freunde überraschen möchten. Ob Skills zu Film und Fernsehen, oder zu Sport und Gesundheit oder Lifestyle, es ist eine breite Bandbreite verfügbar. Lokales und Regionales, Musik natürlich und aktuelle Hits oder Oldies, Alexa versorgt Sie mit Ihrer beliebtesten Musik. Nachrichten, Neuheiten, Lustiges wie Witze und humoristische Geschichten, Smart Home und vieles mehr, es sind unzählige Skills verfügbar.

Ein sehr witziger Skill ist die sogenannte Langeweile Killerin, diese sorgt für Abwechslung an verregneten Tagen. Alexa kann damit so manchen Tag retten. Anregungen für Spiele und Aktivitäten an Geburtstagen, Infos für Sportereignisse und die neuesten Börsenergebnisse – Alexa weiß einfach alles und informiert jeden, der danach fragt. Sogar das Horoskop liest Alexa vor und natürlich gibt es auch einige Skills, die skurril, komisch und manche auch nicht wirklich nützlich sind. Ein Zeitvertreib sind die Skills jedoch allemal.

Amazon Echo – Alexa eine tolle Unterstützung und mehr als nur ein Gerät

Wenn Sie nun sämtliche Erläuterungen gelesen haben, könnten Sie vielleicht denken, dass Alexa eine sehr komplizierte Sprachassistentin ist. Dem ist jedoch nicht so, und keine Angst vor zu viel Technik. Der Amazon Echo und sämtliche anderen Geräte lassen sich sehr einfach einrichten, steuern und bedienen. Auch müssen Sie ja nicht sämtliche Skills auf einmal einrichten. Es macht Spaß immer wieder neue Skills und Fähigkeiten hinzuzufügen. Außerdem kommen beinah täglich neue Skills dazu – es wird also garantiert auch niemals langweilig, wenn Sie im App Store nach Skills suchen.

In amerikanischen Single-Haushalten war Alexa so beliebt, weil sie den Menschen nicht nur Information bieten konnte, sondern auch die Einsamkeit vertrieb. Dies ist vielleicht mit ein Grund, für den enormen Hype rund um den Amazon Echo und Alexa. Lustigen Geschichten zu folge soll es auch schon zum ein oder anderen Eifersuchtsdrama gekommen sein. Männer fühlten sich von Alexa besser verstanden als von der eigenen Ehefrau. Diese sollten dann erwähnt haben: „Dann heirate doch deine Alexa.“.

Nachdem Sie nun einiges Wissenswertes über die verschiedensten Geräte, deren Benutzung und dem Handling gelesen haben, möchten wir Ihnen nun auch die einzelnen Sprachbefehle aufzählen. Wie bei den Skills kommen auch Sprachbefehle täglich dazu und stets wächst somit das „Können“ von Alexa, um uns den Alltag zu erleichtern und/oder und ganz einfach zu unterhalten.

Bevor wir jedoch zu unserem Bonus mit 666 Sprachbefehlen kommen, könnte es Sie vielleicht noch interessieren, wie hoch der Stromverbrauch von Alexa und den Amazon Echo Geräten ist. Der Amazon Dot verbraucht im Standby Modus etwa 1,6 Watt und bei Nutzung von etwa 50% der Lautstärke im Betrieb etwa 3,4 Watt. Wenn man sich vorstellt, dass der Amazon Echo ein Jahr nur auf Standby laufen würde, und nicht benutzt wird, so schlägt dies mit knapp 5 Euro zu Buche. Beim Amazon Echo können Sie von etwa dem doppelten Verbrauch gegenüber dem Dot ausgehen. Dieser verbraucht im Standby 3,2 Watt und wird das Gerät bei voller Lautstärke genutzt, was eher nie vorkommt, 6,3 Watt. Der Amazon Echo zählt somit nicht wirklich zu den Stromfressern und kann getrost und ohne schlechtem Gewissen verwendet werden.

666 Sprachbefehle für Alexa

Alltagsbefehle

1. Alexa brauche ich einen Regenschirm?
2. Alexa füge Eis meiner Einkaufsliste hinzu.
3. Alexa habe ich heute Termine auf meinem Terminkalender?
4. Alexa welches Griechische Restaurant gibt es in meiner Nähe?
5. Alexa schalte das Badezimmer Licht aus.
6. Alexa schalte das Schlafzimmer Licht an.
7. Alexa wie spät ist es?
8. Alexa welcher Tag ist heute?
9. Alexa wie weit ist es von hier nach Innsbruck?
10. Alexa füge meinem Kalender Firmentreffen für Mittwoch 18 Uhr hinzu.
11. Alexa warum sind Blätter grün?
12. Alexa auf welchem Kontinent befindet sich Dubai?
13. Alexa wie buchstabiert man Freundschaft?
14. Alexa wie hoch ist der höchste Berg?
15. Alexa wie viel ist 0 durch 0?
16. Alexa was sind Fahrenheit in Celsius?
17. Alexa wie viel ist eine Unze in Kilogramm?
18. Alexa was sind Fuß in Zentimeter?
19. Alexa wie viele Liter hat eine Galone?
20. Alexa wie heißt der Liedsänger von AC/DC?
21. Alexa was ist die Definition von Wahnsinn?
22. Alexa was ist der neuste Film von Johnny Depp?

Befehle für Medienwiedergabe

31. Alexa Wiedergabe!
32. Alexa Pause!
33. Alexa zurück!
34. Alexa Weiter!
35. Alexa Stopp!
36. Alexa Fortsetzen!
37. Alexa Neustart!
38. Alexa Trenne mein Mobiltelefon!
39. Alexa Verbinde mein Mobiltelefon!
40. Alexa Welches Lied läuft gerade?
41. Alexa Mach Lauter!
42. Alexa Mach Leiser!
43. Alexa Lautstärke auf 8!
44. Alexa Ton aus!
45. Alexa Stoppe die Musik!
46. Alexa Pause!
47. Alexa Fortsetzen!
48. Alexa Nächsten Song abspielen!
49. Alexa Endloswiedergabe"
50. Alexa Stelle den Sleeptimer in 60 Minuten!
51. Alexa Stoppe die Wiedergabe in 15 Minuten!
52. Alexa Beende den Sleeptimer!
53. Alexa Füge diesen Song hinzu! (während Prime Musik Abgespielt wird)
54. Alexa Ich mag Diesen Song! (wenn ein Song von einem Dritten Anbieter oder Radiosender abgespielt wird)
55. Alexa Ich mag diesen Song Nicht! (wenn ein song von einem Dritten Anbieter oder Radiosender gespielt wird)
56. Alexa Was gibt es für Songs von Ed Sheran?
57. Alexa Hörproben von Maroon5 !
58. Alexa Spiele etwas Prime Musik!
59. Alexa Spiele etwas Prime Musik zur "Entspannung"!
60. Alexa Spiele etwas Prime Musik zum Tanzen!

61. Alexa Spiele die Playlist "Home" ab!
62. Alexa füge diesen Song hinzu!
63. Alexa Spiele Reggae Musik auf Prime ab!
64. Alexa Spiele den Sende90 Hip Hop ab!
65. Alexa Spiele Drum n Base von Spotify!

Hörbücher Anhören mit Alexa Echo

66. Alexa Lese vor!
67. Alexa Spiele ab!
68. Alexa Spiele das Hörbuch ab!
69. Alexa Hörbuch über Audible abspielen!
70. Alexa Pause!
71. Alexa mein Hörbuch fortsetzen!
72. Alexa Gehe vor / zurück!
73. Alexa Nächstes /Vorheriges Kapitel abspielen!
74. Alexa Gehe zu Kapitel 4!
75. Alexa Höre in 20 Minuten auf das Buch vorzulesen!
76. Alexa Spiele das Kindle Buch Gemeindlich und Lässig Kochen ab.

Einkaufen mit Amazon Echo auf der Amazon Website

77. Alexa: Bestelle Kochlöffel!
78. Alexa: Bestelle Ahoibrause!
79. Alexa: Bestelle erneut!
80. Alexa: Füge Früchtetee zu meinem Einkaufswagen hinzu! (fügt eine Möglichkeit zu ihrem Einkaufswagen auf ihrer Amazon Website hinzu)
81. Alexa: Verfolge meine Bestellungen!

Wecker und Timer einstellen und verwalten

82. Alexa: Wecke mich um 4 Uhr morgens auf!
83. Alexa: Stelle den Wecker auf 4:30!

84. Alexa: Stelle den Wochenendwecker auf 11 Uhr!
85. Alexa: Stelle einen Wiederholten Wecker für Montag 4:30 Uhr!
86. Alexa: Stelle den Timer auf 5 Minuten!
87. Alexa: Wie viel Zeit ist noch bei meinem Timer über?
88. Alexa: Wie spät ist es?
89. Alexa: Wie lautet das Datum?
90. Alexa: Auf welche Uhrzeit ist mein Wecker eingestellt?
91. Alexa: Lösche den Wecker für 5 Uhr!
92. Alexa: Lösche meinen Wecker für Mittwoch!
93. Alexa: Welche Timer sind Gestellt?
94. Alexa Stopp! (Wenn Wecker oder Timer läuten)
95. Alexa: Schlummern! (wenn der Wecker euch weckt)
96. Alexa: Lösche den Timer für 10 Minuten! (wenn mehrere Timer eingerichtet wurden)

Verkehr

97. Alexa wie ist der Verkehr in Linz?
98. Alexa wie ist der Verkehr auf dem Weg zur Arbeit?
99. Alexa wie ist die aktuelle Verkehrslage?

Smart Home

100. Alexa finde meine Geräte!
101. Alexa: Schalte das Licht in der Küche an!
102. Alexa: Dimme das Licht im Kinderzimmer auf 50%!
103. Alexa: Schalte die Kaffeemaschine an!
104. Alexa: Schalte die Lüftung auf 30%!
105. Alexa: Schalte Die Außenbeleuchtung an!
106. Alexa: Stelle die Temperatur auf 25Grad ein!
107. Alexa: Senke die Temperatur im Wohnzimmer!
108. Alexa: Schalte Energie ins Wohnzimmer!

Easter Eggs

Bei den Easter Eggs handelt es sich um teilweise nicht ganz so ernst zu nehmende Befehle. Bei vielen dieser Easter Eggs gibt es mehrere Antworten und regen teilweise durchaus zum Philosophieren an.

109. Alexa: Test 1 2 3 !
110. Alexa, sag was!
111. Alexa sag was Lustiges!
112. Alexa jodel mal!
113. Alexa sein oder nicht sein?
114. Alexa möchtest du einen Schneemann bauen?
115. Alexa mach mir ein Sandwich!
116. Alexa was sagt der Fuchs?
117. Alexa wo kommen die Babys her?
118. Alexa gibt es den Weihnachtsmann?
119. Alexa, Deine Mutter war ein Hamster!
120. Alexa, Tee Earl Gray heißt!
121. Alexa wer hat zuerst geschossen?
122. Alexa ich bin dein Vater!
123. Alexa was ist der Sinn des Lebens?
124. Alexa wer ist die Schönste im ganzen Land?
125. Alexa Schere, Stein, Papier!
126. Alexa wirf eine Münze!
127. Alexa wirf einen Würfel!
128. Alexa Selbstzerstörung!
129. Alexa was macht die Nase?
130. Alexa was ist dein Lieblingsessen?
131. Alexa was ist Cola?
132. Alexa wer ist hier der Boss?
133. Alexa wer ist Siri?
134. Alexa ein Fisch zwei Fisch!
135. Alexa, wann gehst du schlafen ?
136. Alexa bist du tot?

137. Alexa wer ist Johannes Gutenberg?
138. Alexa was ist Quecksilber?
139. Alexa was ist Ikea?
140. Alexa wie viele Kalorien hat ein Big Mac?
141. Alexa tschüss!
142. Alexa öffne Dirty Talk!
143. Alexa schimpf mal!
144. Alexa Schalte den Kamin ein!
145. Alexa schalte die Kaffeemaschine ein!
146. Alexa mach mir einen Kaffee!
147. Alexa wie ist das Wetter in Bangkok?
148. Alexa wie viel kostet ein Flug nach Barcelona?
149. Alexa was kostet ein Hotel in Venedig?
150. Alexa was sind schöne Katzennamen?
151. Alexa was sind schöne Hundenamen?
152. Alexa kannst du mir nette Jungennamen sagen?
153. Alexa sag mir ein paar Mädchennamen?

Lustige Spielchen und kleine Befehle zum Zeitvertreib:

154. Alexa Hallo!
155. Alexa wie geht es dir?
156. Alexa spiele Zahlenraten!
157. Alexa erkläre mir die Regeln!
158. Alexa Glückwunsch!
159. Alexa Stopp
158. Alexa starte Computerloggbuch!
159. Alexa öffne Geo Duell!
160. Alexa starte in Asien!
161. Alexa starte Rollenspiel!
162. Alexa spiele Würfelspiel!
163. Alexa öffne mein Königreich!
164. Alexa starte Akinator!

Alexa weiß noch viel mehr:

165. Alexa wie lautet der aktuelle Kurs für den BitCoin?
166. Alexa was gibt es neues?
167. Alexa frag Google!
168. Alexa was läuft im Kino?
169. Alexa was heißt ich gehe zur Schule auf Russisch!
170. Alexa frage Fitbit wie ich geschlafen habe!
171. Alexa wer ist der Erfinder von Super Mario?
172. Alexa wie lautet die erste Regel des Fight Clubs?
173. Alexa wie lautet der Sinn des Lebens?
174. Alexa wann ist die Bundestags Wahl?
175. Alexa welche Parteien treten zu den Wahlen an ?
176. Alexa was ist die Quadratwurzel aus Pii?
177. Alexa erzähl mir einen Witz!
178. Alexa lass uns ein Spiel Spielen!
179. Alexa spiele ein Instrument?
180. Alexa was läuft im Fernsehen?
181. Alexa suche ein Rezept für Lasagne!
182. Alexa schicke eine Nachricht an Max Mustermann!
183. Alexa welche Veranstaltungen finden in meiner Nähe statt?
184. Alexa erstelle eine Erinnerung!
184. Alexa wo ist Chuck Norris?
185. Alexa was sagt eine Katze?
186. Alexa singe Happy Birthday!
187. Alexa erzähl mir einen Zungenbrecher!
188. Alexa warum ist die Banane krumm?
189. Alexa erzähl einen Flachwitz!
190. Alexa kannst du Autofahren?
191. Alexa was wünscht du dir zu Weihnachten?
192. Alexa wie heiß ist es in Dubai?
193. Alexa welche Sehenswürdigkeiten hat Österreich?
194. Alexa wie hoch ist der Eifelturm?
195. Alexa wo kommt die Milch her?

196. Alexa wie werden Gummibärchen hergestellt?
197. Alexa was ist in Schokolade enthalten?
198. Alexa wie viel kostet ein Kilo Äpfel?
199. Alexa wie alt wird ein Hund?
200. Alexa wie viele Tierarten gibt es?
201. Alexa was ist Schnee?
202. Alexa wie kalt ist Eis?
203. Alexa wie alt ist Leonardo di Caprio?
204. Alexa verfolge meine Bestellungen!

Sprachbefehle für Radio und Sender

205. Alexa spiele einen Maroon5 Sender von youtube!
206. Alexa spiele die Sendung ab!
207. Alexa spiele den Sender Kronehit!
208. Alexa spiele Radio Ö3 ab!
209. Alexa dieses Kapitel überspringen!
210. Alexa wie sind die Spiel Ergebnisse von WM Deutschland – Italien?
211. Alexa wie steht es bei dem Spiel Frankreich – Spanien?
212. Alexa Wann spielt als nächstes FC Bayern?
213. Alexa hat Portugal gewonnen?
214. Alexa wer hat das WM spiel Frankreich Belgien gewonnen?
215. Alexa wie war das Spielergebnis beim Spiel Norwegen – Griechenland?
216. Alexa wann ist das nächste Spiel von der Bundesliga?
217. Wie steht es gerade bei Rumänien – Brasilien?
218. Alexa spielt Köln gegen Bayern?
219. Alexa spiel die Amazon Konferenz!
220. Alexa was steht auf meiner To-Do liste?
221. Alexa setze Schrank Reparieren auf meine To do liste!
222. Alexa was ist mein Update?

223. Alexa was ist in den Nachrichten?
224. Alexa was gibt es Neues?
225. Alexa Weiter!
226. Alexa zurück!

Noch mehr Fragen und Sprachbefehle:

227. Alexa Pause!
228. Alexa Stopp!
229. Alexa wird es am Sonntag hageln?
230. Alexa was ist die erweiterte Prognose für Jänner?
231. Alexa wie ist das Wetter in 3 Stunden?
232. Alexa wie ist die ImBD Wertung für?
233. Alexa wo bleibt meine Bestellung?
234. Alexa wer ist der aktuelle Europameister?
235. Alexa wann ist die nächste Fußball Weltmeisterschaft?
236. Alexa was ist Liebe?
237. Alexa was bedeutet die EHE?
238. Alexa wie weit ist es zum Mond?
239. Alexa wie alt wurde Leonardo da Vinci?
240. Alexa wann geht die Sonne auf?
241. Alexa wie viele Stunden scheint die Sonne?
242. Alexa wann ist die nächste Sonnenfinsternis?
243. Alexa wann ist die nächste Mondfinsternis?
244. Alexa wie viele Sterne gibt es?
245. Alexa wie viele Planeten gibt es?
246. Alexa Wie heißen die Planeten im Sonnensystem?
247. Alexa wähle eine Karte!
248. Alexa liebst du mich?
249. Alexa wann ist das Essen fertig?

Alexa und Persönliches

250. Alexa hast du neue Skills?
251. Alexa wer ist besser Siri oder du?
252. Alexa was denkst du über Google?
253. Alexa hast du einen Beruf?
254. Alexa welche neuen Fähigkeiten hast du gelernt?
255. Alexa hast du einen Freund?
256. Alexa hast du Haustiere?
257. Alexa kannst du niesen?
258. Alexa kannst du lügen?
259. Alexa Bist du müde?
260. Alexa bist du Böse?
261. Alexa wie groß bist du?
262. Alexa weißt du überhaupt etwas?
263. Kannst du singen?
264. Alexa wer ist der Chef?
265. Alexa Kannst du Auto fahren?
266. Alexa bist du schön?
267. Alexa kannst du fluchen?
268. Alexa wo ist dein Körper?
269. Alexa hast du Hunger?
270. Alexa bist du da?
271. Alexa, blöde Kuh!
272. Alexa wer ist der Mörder?
273. Alexa ich habe eine Erkältung, was tun dagegen?
274. Alexa was sagt eine Katze?
275. Alexa ich hasse dich!
276. Alexa willst du mich heiraten?
277. Alexa frohe Ostern!
278. Alexa wer bin ich?
279. Alexa benutze die Macht!
280. Alexa Hast du mich vermisst?
289. Alexa rate mal!
290. Alexa hast du gut geschlafen?

291. Alexa mach den Abwasch!
292. Alexa was soll ich heute anziehen?
293. Alexa 99 Luftballons!
294. Alexa warum gibt es Krieg?
295. Alexa zähle bis 20!
296. Alexa wann flog der erste Echo gegen die Wand?
297. Alexa singe alle meine Entchen!
298. Alexa willst du mich verarschen?
299. Alexa Sprich mir nach: terminieren, terminieren
300. Alexa Was ist hier los?
301. Alexa welche sprachen sprichst du?
302. Alexa wie lange hat der Interspar in Steyr geöffnet?
303. Alexa wann ist Vollmond?
304. Alexa riechst du das?
305. Alexa glaubst du an Gott?
306. Alexa was möchtest du werden wenn du groß bist?
307. Alexa bist du ein Vampir?
308. Alexa wie heißt das Zauberwort?
309. Alexa magst du Eis?
310. Alexa Party Time!
311. Alexa gib mir Tiernamen!
312. Alexa glaubst du an Geister?
313. Alexa belle wie ein Hund!
314. Alexa wer hat an der Uhr gedreht?
315. Alexa kannst du Beatboxen?
316. Alexa Palim Palim woher kommt das?!
317. Alexa glaubst du an die Liebe auf den ersten Blick?
318. Alexa können Schweine fliegen?
319. Alexa was ist ein Nerd?
320. Alexa was wiegt die Erde?
321. Alexa wo wohnt der Weihnachtsmann?
322. Alexa wie viel verdienst du?
323. Alexa gibt es Außerirdische?
324. Alexa gibt es Elfen?
325. Alexa was ist die einsamste Zahl?

326. Alexa wann geht die Welt unter?
327. Alexa ich mag dich!
328. Alexa was kannst du tun?
329. Alexa gehst du mit mir aus?
330. Alexa mach die Rollos auf!
331. Alexa willst du meine Freundin sein?
323. Alexa Beam mich hoch!
334. Alexa du vervollständigst mich!
335. Alexa Hasta la vista Baby!
336. Alexa überrasche mich!
337. Alexa Guten Morgen!
338. Alexa Moin!
339. Alexa habe die Ehre!
340. Alexa Mahlzeit!
341. Alexa Tschüssikovski!
342. Alexa ich bin dann mal weg!
343. Alexa schlaf gut!
344. Alexa magst du mich?
345. Alexa du bist sexy!
346. Alexa toll!
347. Alexa du bist hübsch!
348. Alexa Gute Nacht!
349. Alexa trinkst du Alkohol?
350. Alexa du hast eine schöne Stimme!
351. Alexa du bist mein Schatz!
352. Alexa nimmst du Drogen?
353. Alexa was hast du an?
354. Alexa echt jetzt?
355. Alexa bist du Skynet?
356. Alexa du bist entlassen!
357. Alexa wann hast du Geburtstag, die Geburtstage von heute?
358. Alexa du hast keine Ahnung!
359. Alexa wann wurde Amazon gegründet?
360. Alexa kennst du Gedichte?

361. Alexa bist du Taub?
362. Alexa du nervst!
363. Alexa. Ich bin wieder da!
364. Alexa keine Panik!
365. Alexa ich habe heute Geburtstag!
366. Alexa ich habe Kopfschmerzen!
367. Alexa ich bin betrunken!
368. Alexa ich muss aufs Klo!
369. Alexa ich bin Traurig!
370. Alexa ich will Sterben!
371. Alexa du bist verrückt!
372. Alexa du kannst mich Mal !
373. Alexa noch so ein Spruch Kieferbruch!
374. Alexa noch so ein Gag Zähne weg!
375. Alexa noch so ein Ding Augenring!
376. Alexa sag mir die Wahrheit!
377. Alexa du musst noch viel lernen!
378. Alexa, öffne Backhexe und backe backe Kuchen!
379. Alexa Servus!
380. Alexa Sing ein Weihnachtslied!
381. Alexa sing Oh Tannen Baum!
382. Alexa sing kling Glöckchen!
383. Alexa sing Ihr Kinderlein kommet!
384. Alexa kennst du ein Weihnachtslied?
385. Alexa ich habe Schmerzen, was tun?
386. Alexa mir ist kalt!
387. Alexa ich habe Hunger!
388. Alexa erzähle einen Chuck Norris Witz!
389. Alexa finde Chuck Norris!
390. Alexa wie alt ist Chuck Norris?
391. Alexa alles Roger in Kambodscha?
392. Alexa gibt es Bielefeld?
393. Alexa wann wird es mal wieder richtig Sommer?
394. Alexa wer hat in meinem Bettchen geschlafen?
395. Alexa was sind die Lottozahlen?

396. Alexa kennst du die Lottozahlen?
397. Alexa hast du Feuer?
398. Alexa willst du eine Tasse Kaffee?
399. Alexa willst du ein Bier?
400. Alexa wer ist Batman?
401. Alexa wer ist Superman?
402. Alexa möge die macht mit dir sein!
403. Alexa magst du Star Wars?
404. Alexa das ist kein Mond!
405. Alexa es ist eine Falle!
406. Alexa sprich wie Yoda!
407. Alexa wer ist der Doktor?
408. Alexa was ist die Antwort auf alle Fragen?
409. Alexa Valar morghulis!
410. Alexa der Winter naht!
411. Alexa was weiß Jon Snow?
412. Alexa was ist die fünfte Regel des Fight Clubs?
413. Alexa sprich Freund und tritt ein!
414. Alexa das ist Wahnsinn!
415. Alexa spiele mir das Lied vom Tod!
416. Alexa Pups mal!
417. Alexa wann ist Winteranfang?
418. Alexa welcher ist der höchste Berg der Erde?
419. Alexa kannst du Anrufe tätigen?
420. Alexa starte würdest du Eher?
421. Alexa kannst du rappen?
422. Alexa wer ist dein Vorbild?
423. Alexa starte Lügenbaron!
424. Alexa lass dein Haar herunter!
425. Alexa hoch auf den gelben Wagen!
426. Alexa spiel Mana Mana!
427. Alexa wo hat der Frosch die locken?
428. Alexa Romer oh Romer!
429. Alexa wer wie was?
430. Alexa öffne die Skill Gin Cocktails!

431. Alexa Klopf Klopf!
432. Alexa ich bin ein Berliner!
433. Alexa Hummel Hummel!
434. Alexa alles Paletti?
435. Alexa Grüezi!
436. Alexa öffne mein Adventkalender!
437. Alexa öffne Weihnachtsradio!
438. Alexa spiele Weihnachtsklänge!
439. Alexa starte Weihnachtsgedichte!
440. Alexa Starte großes Weihnachtsquizz!
441. Alexa öffne Wörterbuch!
442. Alexa schalte die Lampe ein!
443. Alexa schalte die Steckdose ein!
444. Alexa öffne mein Tageshoroskop!
445. Alexa erzähle mir Anmachsprüche!
446. Alexa starte Essensvorschläge!
447. Alexa starte Staubsauger!
448. Alexa suche nach meinem Telefon!
449. Alexa was ist ein Elefant?
450. Alexa nimm Anruf entgegen!
451. Alexa sende Nachricht an Georg!
452. Alexa spiel meine Nachrichten ab!
453. Alexa Drop in zu Eriks Handy!
454. Alexa Anruf Beenden.
455. Alexa welche Möbel Geschäfte sind in meiner Nähe?
456. Alexa was ist das am besten bewertete China Restaurant?
457. Alexa such die Telefonnummer für Christkindlwirt in der Nähe!
458. Alexa suche nach den Öffnungszeiten für Ärzte in der Nähe!
459. Alexa wer spielt Frodo in der Herr der Ringe?
460. Alexa Simon sagt?
461. Alexa wer lebt in der Ananas ganz tief im Meer?
462. Alexa frag Fleckenentferner wie ich Rotweinflecken

entferne!
463. Alexa frage den Stundenplan welche stunden Klaus morgen hat!
464. Alexa starte Grüner Daumen!
465. Alexa öffne Zufallsgenerator!
466. Alexa such für mich nach Cocktailrezepten!
467. Alexa starte Gehirnjogging!
468. Alexa wie ist der Busfahrplan für Steyr?
469. Alexa wer hat als nächstes Geburtstag?
470. Alexa wann hat Moritz Geburtstag?
471. Alexa merke für 12. April Achim auf der Geburtstagsliste!
472. Alexa starte mein Auftrag!
473. Alexa starte Reise nach Jerusalem!
474. Alexa Frage nach bei dem inneren Schweinehund ob ich Sport machen soll!
475. Alexa was gibt es neues beim Eishockey?
476. Alexa woher kommt das Kennzeichen SM...?
477. Alexa gibt es Lawinenwarnungen in Tirol?
478. Alexa Katzenklo.!
479. Alexa bring mich zu deinem Anführer!
480. Alexa miau!
481. Alexa mehr Kuhglocken!
482. Alexa ich bin ein Star hol mich hier raus!
483. Alexa gibst du mir deine Telefonnummer?
484. Alexa erzähle einen Kinderwitz!
485. Alexa zicke zacke zicke zacke!
486. Alexa Prost!
487. Alexa wann kommt die Müllabfuhr?
488. Alexa wie viele Menschen leben auf der Welt?
489. Alexa wann war der erste Mensch am Mond?
490. Alexa wann fliegt der Mensch zum Mars?
491. Alexa starte Home Connect Waschmaschine!
492. Alexa gibt es Ufos?
493. Alexa wo sind meine Schlüssel?

494. Alexa High Five!
495. Alexa wie macht die Kuh?
496. Alexa mir ist langweilig!
497. Alexa sag das Alphabet auf!
498. Alexa wechsle Konten!
499. Alexa welches Profil ist das?

Die am meisten verwendeten Sprachbefehle für Alexa
Dass nicht immer alles bierernst ist und Alexa kein „seelenloser" Lautsprecher ist, haben Sie schon bemerkt. Nun möchten wir noch die wichtigsten und am häufigsten verwendeten Sprachbefehle anführen.

500. Alexa, sag mytaxi ich möchte abgeholt werden.
501. Alexa, ruf Grab Taxi.
502. Alexa bestelle eine Uber Limosine.
503. Alexa frag Chefkoch nach dem Rezept des Tages.
504. Alexa frag das Örtliche, wo ein Blumenladen ist.
505. Wie hoch ist der Preis für Rosen?
506. Alexa, bitte LIFX mein Schlafzimmerlicht einzuschalten.
507. Alexa erhöhe die Temperatur um 1° Celsius.
508. Alexa senke die Temperatur um 0,5° Celsius.
509. Alexa erhöhe die Temperatur um 17:00 Uhr auf 23° Celsius.
510. Alexa senke die Temperatur ab 09:00 Uhr auf 18° Celsius.
511. Alexa dimme das Wohnzimmerlicht um 50%.
512. Alexa schalte die Leselampe ein.
513. Alexa frag Tor-Alarm nach den letzten Ergebnissen der Bundesliga.
514. Alexa frag Kitchen Stories nach Rezepten für Saucen.
515. Alexa starte das Gala Star Quiz.

Noch mehr Sport

516. Die Ergebnisse der EPL, der englischen Premier League.
517. Alexa, MLB, Major League Baseball
518. Alexa, MLS, Major League Soccer
519. Alexa, NBA, National Basketball Association
520. Alexa, NCAA Basketball Männer, National Collegiate Athletic Association
521. Alexa, NCAA FBS Football, Football Bowl Subdivision
522. Alexa, NFL National Football League
523. Alexa, NHL National Hockey League
524. Alexa, WNBA Women National Basketball Association
525. Alexa wie ist der Spielstand.
526. Wer hat gewonnen?
527. Wie ist das Spielergebnis von?
528. Wann ist das nächste Spiel von?
529. Wie steht es gerade bei…Bundesliga Spiel
530. Alexa das Spiel Bayern gegen Borussia
531. Alexa, die Amazon Bundesliga Konferenz.

Bestellungen

532. Alexa bestelle
533. Bestelle erneut
534. Storniere die Bestellung
535. Verfolge die Bestellung
536. Füge Trockenfutter meiner Bestellung hinzu.

Um die Weckfunktion zu aktivieren

537. Alexa wecke mich um 06:00 Uhr.
538. Stelle den Wochenendwecker auf 09:00 Uhr.
539. Stelle den Timer auf 10 Minuten.
540. Stelle einen wiederholten Wecker für Mittwoch um 05.00 Uhr.

541. Wie lautet das Datum?
542. Lösche den Wecker für Sonntag.
543. Welche Timer sind eingestellt?
544. Wie spät ist es?

Wechseln zwischen Benutzerprofilen

545. Wechlse die Konten
546. Welches Profil ist das?
547. Wechsle auf Profil X.

Wichtige Sprachbefehle für die Steuerung des Lautsprechers

548. Stopp
549. Lautstärke auf ...0 bis 10
550. Ton aus
551. Ton an
552. Wiederholen
553. Abbrechen
554. Alexa mach lauter.
555. Alexa mach leiser.
556. Hilfe

Für Musik

557. Alexa spiel Musik zum Aufstehen
558. Alexa spiel Frühstücks-Musik
559. Spiel Musik zum Kuscheln
560. Spiel Lounge Musik
561. Spiel Entspannungsmusik
562. Spiel Musik zum Meditieren
563. Spiel kubanische Musik
564. Spiel Jazz
565. Spiel Musik für Tabata Workouts

566. Spiel Blues
567. Spiel Country
566. Spiel Musik zum Einschlafen
567. Spiel Kinderlieder deutsch
568. Spiel englische Kinderlieder
569. Spiel Disney Hits
570. Spiel Filmmusik
571. Spiel Musik aus den 60-ern
572. Alexa die schönsten Lieder von Queen
573. Alexa Rock aus den 80-ern
574. Alexa spiel das neue Album von Helene Fischer
575. Alexa spiel den neuen Song von Samu Haber
576. Suche das Lied mit der Textzeile „all of this lines across my face“
577. Spiel die Titelmusik von Mentalist

Mit Alexa ohne Stau zur Arbeit

578. Alexa der kürzeste Weg zur Arbeit
579. Alexa der schnellste Weg zur Arbeit
580. Pendelzeit?
581. Wie ist die Verkehrslage?
582. Gibt es Stau auf der…?

Das Verbinden von Bluetooth Geräten

583. Alexa kopple mein Gerät
584. Kopple Bluetooth
585. Alexa Sprachbefehle zur Steuerung ohne Hände
586. Wiedergabe
587. Pause
588. Stopp
589. Fortsetzen
590. Verbinde mein Tablet.
591. Trenne mein Tablet

592. Verbinde mein iPhone.
593. Trenne mein iPhone.
594. Lauter
595. Leiser
596. Ton an
597. Ton aus

Das Verwalten von Erinnerungen

598. Alexa erinnere mich am Donnerstag um 09.00 Uhr an den Geburtstag von Mutti.
599. Wann findet der nächste Termin statt.
600. Was ist in meinem Kalender für heute eingetragen?
601. Welche Erinnerungen habe ich?
602. Lösche die Erinnerungen. Für Dienstag.
603. Lösche alle Erinnerungen
604. Alexa erstelle einen neuen Kalendereintrag
605. Alexa füge Training zu meinem Kalender am Mittwoch um 15:00 Uhr hinzu

Sprachnachrichten, Drop in und Anrufe

606. Alexa ruf Jasmine an
607. Alexa nimm den Anruf entgegen
608. Alexa sende Nachricht an Oma
609. Spiele meine Nachrichten ab
610. Alexa Drop in zu einem anderen Alexa Gerät
611. Anruf beenden

Multiroom Sprachbefehle

612. Alexa, spiel Radio in der Gruppe
613. Spiel Musik von Rihanna in der Gruppe
614. Stell die Lautstärke in der Gruppe auf 4.
615. Alexa pausiere die Musik in der Gruppe

616. Alexa schalte die Musik im Schlafzimmer leiser
617. Erhöhe die Lautstärke im Wohnzimmer auf 6

Sprachbefehle für beliebte Skills

618. Öffne Grüner Daumen Skill
619. Öffne Stundenplan Skill
620. Öffne Zufallszahlengenerator Skill
621. Öffne Schwarzer Werwolf Skill
622. Öffne Handy Finder
623. Alexa ruf mich an
624. Alexa frag Handyfinder nach meinem Pin Code
625. Öffne Kommissar Falke Skill
626. Öffne Fernsehprogramm Skill
627. Öffne Fitbit Skill
628. Öffne Gehirnjogging Skill
629. Öffne Zähne putzen Skill
630. Öffne Weiser Helge Skill
631. Öffne Gala Skill
632. Öffne Mensa Aachen Skill
633. Öffne Kinoprogramm München Skill
634. Öffne Naturgeräusche Donnerwetter Skill
635. Öffne Deutsche Charts Skill
636. Öffne laut.fm Skill
637. Öffne Bild Skill
638. Öffne Tagesschau Skill
639. Öffne Gründerszene Skill
640. Öffne Smart Home News Skill
641. Öffne Mächtiger Aluhut Skill
642. Öffne Chuck Norris Fan Witze Skill
643. Öffne Daily Challenge Skill
644. Öffne Abfallkalender Skill
645. Alexa, wann wird die grüne Tonne abgeholt
646. Öffne Cityguide Karlsruhe Skill
647. Öffne BVG Skill

648. Alexa wie komme ich um 08:00 Uhr zum Bahnhof Zoo
649. Öffne Bring! Skill
650. Öffne Bio Skill
651. Alexa, wo befindet sich der nächste Bio Laden?
652. Öffne ioBroker Skill
653. Öffne Symcom
654. Öffne die Nachtlicht Skill
655. Öffne meine Geburtstage Skill
656. Öffne Langeweile Killerin
657. Öffne Mein Auftrag Skill
658. Öffne Reise nach Jerusalem Skill
659. Öffne Würfelautomat Skill
660. Öffne meine Liga Skill
661. Öffne Eishockey Guru Skill
662. Öffne Sportmotivator Skill
663. Öffne Auto Guru Skill
664. Öffne Skill Stauinfo München
665. Öffne Lawineninfo Skill
666. Öffne Börse Frankfurt Skill

Impressum

Umschlaggestaltung, Illustration: Paul Kurpiela
Föhrenstr. 8 77656 Offenburg
paul.kurpiela@gmail.com
 Bibliografische Information der Deutschen Nationalbibliothek: Die Deutsche Nationalbibliothek verzeichnet diese Publikation in der Deutschen Nationalbibliografie; detaillierte bibliografische Daten sind im Internet über http://dnb.d-nb.de abrufbar.

Rechtliches & Haftungsausschluss
Der Autor übernimmt keine juristische Verantwortung und keinerlei Haftung für Schäden, die aus der Benutzung dieses Buches entstehen. Außerdem ist der Autor nicht verpflichtet, Folge- oder mittelbare Schäden zu ersetzen. Gewerbliche Kennzeichen- und Schutzrechte bleiben von diesem Titel unberührt. Das Werk ist einschließlich aller Teile urheberrrechtlich geschützt. Das vorliegende Werk dient nur den privaten Gebrauch. Alle Recht, auch die der Übersetzung, des Nachdrucks und der Vervielfältigung dieses Titels oder von Teilen daraus, verbleiben beim Autor. Ohne die schriftliche Einwilligung des Autors darf kein Teil dieses Dokumentes in irgendeiner Form oder auf irgendeine elektronische oder mechanische Weise für irgendeinen Zweck vervielfältigt werden. Suchen Sie bei unklare oder heftigen Beschwerden unbedingt einen Arzt auf! Die Informationen in diesem Buch sind vom Autor sorgfältig recherchiert und zusammengestellt worden, sie können aber keineswegs einen Arzt ersetzen! Die hier dargestellten Informationen dienen nicht Diagnosezwecken oder als Therapieempfehlungen. Eine Haftung des Autor für Personen-, Sach- und Vermögensschäden durch dieses Buch wird ausgeschlossen.